hRj@

DENTRO DE
Florida Salvaje

BLACKBIRCH PRESS

An imprint of Thomson Gale, a part of The Thomson Corporation

THOMSON

™

GALE

Detroit • New York • San Francisco • San Diego • New Haven, Conn. • Waterville, Maine • London • Munich

Photo credits: cover, pages 1, 3, 5, 6, 8, 10, 11, 13, 15, 16, 18, 19, 22, 23, 24, 26, 27, 28, 29, 30, 31, 32, 33, 35, 36, 37, 38, 39, 40, 42, 43, 44, 45, 46, 47 © Discovery Communications, Inc.; cover, pages 3, 7, 8, 9, 10, 11, 12–13, 14, 15, 16, 17, 18, 19, 20, 21, 22, 23, 24, 25, 26, 27, 28, 29, 30, 31, 32, 33, 34, 35, 36, 37, 38, 39, 40, 41, 42, 43, 44, 45, 46, 47, 48 © PhotoDisc; page 4 © Blackbirch Press Archives; pages 6, 8, 9, 10, 12, 14, 16, 20, 22, 24, 25, 26, 28, 30, 31, 32, 34, 36, 38, 40, 41, 42, 44, 46, 48 © Powerphoto; pages 6–7, 14, 17, 19, 20–21, 22–23, 24–25, 34, 41 © Corel Corporation; page 31 © CORBIS

Discovery Communications, Discovery Communications logo, TLC (The Learning Channel), TLC (The Learning Channel) logo, Animal Planet, and the Animal Planet logo are trademarks of Discovery Communications Inc., used under license.

LIBRARY OF CONGRESS CATALOGING-IN-PUBLICATION DATA

Into wild Florida. Spanish.
  Dentro de Florida salvaje / edited by Elaine Pascoe.
    p. cm. — (The Jeff Corwin experience)
  Includes bibliographical references and index.
  ISBN 1-4103-0672-0 (hard cover : alk. paper)
  1. Zoology—Florida—Juvenile literature.   I. Pascoe, Elaine.
II. Title. III. Series.
QL169.I5818 2005
591.9759—dc22   2004029280

Printed in United States of America
10 9 8 7 6 5 4 3 2 1

Desde que era niño, soñaba con viajar alrededor del mundo, visitar lugares exóticos y ver todo tipo de animales increíbles. Y ahora, ¡adivina! ¡Eso es exactamente lo que hago!

Sí, tengo muchísima suerte. Pero no tienes que tener tu propio programa de televisión en Animal Planet para salir y explorar el mundo natural que te rodea. Bueno, yo sí viajo a Madagascar y el Amazonas y a todo tipo de lugares impresionantes—pero no necesitas ir demasiado lejos para ver la maravillosa vida silvestre de cerca. De hecho, puedo encontrar miles de criaturas increíbles aquí mismo, en mi propio patio trasero—o en el de mi vecino (aunque se molesta un poco cuando me encuentra arrastrándome por los arbustos). El punto es que, no importa dónde vivas, hay cosas fantásticas para ver en la naturaleza. Todo lo que tienes que hacer es mirar.

Por ejemplo, me encantan las serpientes. Me he enfrentado cara a cara con las víboras más venenosas del mundo—algunas de las más grandes, más fuertes y más raras. Pero también encontré una extraordinaria variedad de serpientes con sólo viajar por Massachussets, mi estado natal. Viajé a reservas, parques estatales, parques nacionales—y en cada lugar disfruté de plantas y animales únicos e impresionantes. Entonces, si yo lo puedo hacer, tú también lo puedes hacer (¡excepto por lo de cazar serpientes venenosas!) Así que planea una caminata por la naturaleza con algunos amigos. Organiza proyectos con tu maestro de ciencias en la escuela. Pídeles a tus papás que incluyan un parque estatal o nacional en la lista de cosas que hacer en las siguientes vacaciones familiares. Construye una casa para pájaros. Lo que sea. Pero ten contacto con la naturaleza.

Cuando leas estas páginas y veas las fotos, quizás puedas ver lo entusiasmado que me pongo cuando me enfrento cara a cara con bellos animales. Eso quiero precisamente. Que sientas la emoción. Y quiero que recuerdes que—incluso si no tienes tu propio programa de televisión—puedes experimentar la increíble belleza de la naturaleza dondequiera que vayas, cualquier día de la semana. Sólo espero ayudar a poner más a tu alcance ese fascinante poder y belleza. ¡Que lo disfrutes!

Mis mejores deseos,

DENTRO DE
Florida Salvaje

Es un lugar lleno de animales sorprendentes. Serpientes de todo tipo. Mocasines acuáticos. Legendarios animales marinos. Cocodrilos de todos tamaños. Un mundo natural más fascinante que cualquier parque de diversiones.

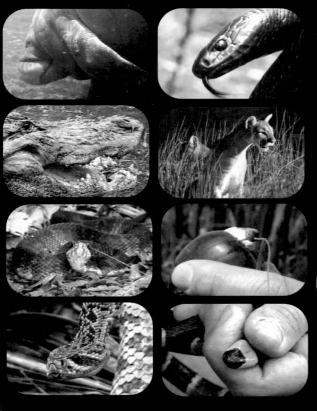

Me llamo Jeff Corwin. Bienvenidos a Florida.

Ven a explorar conmigo. Partiremos del norte de Florida y viajaremos hacia el sur hasta los Everglades, donde espero encontrar algo bien pantanoso.

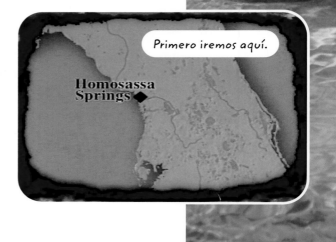

Primero iremos aquí.

Homosassa Springs

Este es uno de los animales que vamos a ver...

El estado de Florida que hemos venido a ver no es aquel estado famoso por su sistema de autopistas o sus parques de diversiones, sino el que encontraron los exploradores que llegaron aquí hace cientos de años. Exploradores españoles como Ponce de León, quien llegó desde España para buscar la Fuente de Juventud. ¿La encontró? Obviamente no, porque ya se murió. Otros exploradores que también llegaron aquí venían por la riqueza natural de Florida, en busca de oro. ¿Encontraron oro? No lo sé. Lo que sí sé es que encontraron una mina de oro encerrado en la fauna de este lugar. Por eso estamos aquí en Florida, para encontrarnos con su fauna.

Detrás de mí se ve un chickee de los Seminoles.

Comenzaremos nuestra expedición en el norte de Florida, cerca de Homosassa Springs. Antes que los españoles reclamaron Florida, en esta tierra vivían una variedad de tribus indígenas. Casi todas desaparecieron, aniquiladas por los europeos. Hoy, la tribu de Florida más dominante es la nación de los indios seminoles, que en un tiempo reclamaron una gran parte de Florida como su tierra.

La vivienda tradicional de los seminoles se llama *chickee*. En el idioma de los seminole chickee significa "mi casa" y es allí donde vivían. Los chickees están hechos de paja entretejida intrincadamente.

¿No son hermosas estas serpientes índigo del este?

Este es el primer animal que encontré. ¡Mírenla! ¿Qué

Un grupo de seminoles de Florida posa frente a su aldea en 1910.

A los seminoles de Florida los dejaron en paz por casi setenta y cinco años después de la finalización de las Guerras de los Seminoles. El gobierno intentó sobornarlos para que se desplazaran hacia el oeste, pero ellos ignoraron las ofertas. Finalmente, en 1932 los seminoles estuvieron de acuerdo en trasladarse a tierras en el centro y sur de Florida. Algunos se convirtieron en vaqueros. Otros trabajaban para ganar un sueldo. Hoy, los seminoles viven en seis reservas en Florida.

Esta serpiente tiene un increíble brillo purpurino.

Sabemos que estamos viendo un colúbrido cuando tiene el cuerpo largo y la cabeza angosta.

les parece esta serpiente? Esta es la serpiente índigo del este. Se llama serpiente índigo debido a su hermoso lustre, un brillo purpurino iridiscente que se ve sobre sus escamas.

Veamos, si quieres identificar la familia de este animal, la familia de serpientes a la cual pertenece, hay que mirarle la forma. Tiene cuerpo alargado, cabeza angosta, y esto normalmente significa que la serpiente que estamos estudiando, por lo menos en Norteamérica, es de la familia de los colúbridos, una de las familias más grandes de serpientes. Miles de serpientes pertenecen a

la familia Colubridae. La serpiente índigo es la más larga de los colúbridos que hay en Norteamérica. De hecho, es la serpiente más larga que vive en Norteamérica. A veces pueden alcanzar hasta 8 e incluso 9 pies (2,5 y 2,7 metros) de largo. Bien, las serpientes índigo son depredadores voraces. Este animal come todo tipos de animales, desde lagartijas y anfibios, como ranas, hasta otras serpientes y roedores.

La índigo es la serpiente más larga de Norteamérica.

Lo interesante sobre las serpientes índigo es que se reproducen en invierno. Comienzan a reproducirse en noviembre. Entonces mientras otras serpientes están hibernando, éstas están apareándose. Pueden ver por qué la serpiente índigo es potencialmente un animal de mucha popularidad entre aquellos que coleccionan serpientes. Es importante recordar que este animal es una especie protegida. Está protegida por el Parque de Vida Silvestre de Homosassa Springs.

Homosassa tiene un montón de estos animales increíbles.

Homosassa Springs es un área de conservación estatal, y es también el hábitat de uno de los animales más famosos de Florida. Cuando Cristóbal Colón navegó hacia el Nuevo Mundo, su diario de a bordo registró que la tripulación divisó sirenas, pero que no eran tan bellas como aquellas pintadas en los cuadros.

Es obvio que estos animales no son elefantes, pero si comparten un antepasado lejano con los elefantes africanos y asiáticos. Estos son manatíes. Al observarlos comer se puede ver una similitud con los elefantes. Sus labios son prensiles y entonces funcionan como dedos, y por eso me recuerdan a un elefante. Si

Mira los labios—se parecen mucho a la trompa de un elefante.

alguna vez observaste la trompa de un elefante habrás visto que parece como un dedo cuando alcanza y jala la vegetación. Estos animales hacen algunas cosas de manera muy similar. Pueden juntar los labios para introducir la comida.

Me gustaría que pudieras tocar este animal. Es suave pero tiene pequeñas púas y está cubierto de

La piel de este animal es increíble. Es suave, pero tiene púas.

pelo, mucho pelo. Si observamos su hocico, se ve que está cubierto por miles y miles de bigotes, y esos bigotes le sirven para sentir. Lo asombroso es que los marineros hace

¿Puedes creer que los marineros creyeron que esta cara era la de una preciosa sirena?

cientos de años pensaron que estos mamíferos marinos eran la mitad pez y la mitad mujer. Por eso los llamaron sirenas. Pues, claro que fue sólo una leyenda. Las sirenas no existen, pero las leyendas son bastante interesantes.

Aquí tengo un pedazo de la cola del eslizón.

Estoy aquí, en las afueras de Jacksonville, con mi amigo J.J., en esta hermosa extensión de un antiguo bosque. Me he enterado que es un buen lugar para encontrar animalitos. Hay muchas lagartijas pequeñas que son comidas por animales más grandes.

Vi algo que se movía por allá. ¡Ah!, un eslizón. El eslizón me vio venir y se puso a la defensiva. Desprendió la cola. Es una gran defensa; pierdes la cola y luego sales corriendo y regeneras una cola nueva.

¡Qué bonito este eslizón!

En un par de semanas verás una pequeña punta que está volviendo a crecer. Es una gran defensa, porque otros animales se concentran en la colorida cola movediza. Hay montones de eslizones aquí en Florida.

La víbora mocasín de Florida es hermosa pero muy peligrosa.

Aquí tenemos una víbora mocasín. Es una hermosísima víbora mocasín de Florida. Tenemos que tener mucho cuidado porque es un animal venenoso. ¡Qué bueno! Podemos ver cómo se mimetiza con su ambiente. Un camuflaje espectacular. Ni siquiera intenta irse porque espera que yo le pase caminando por encima. Tengo que moverme lentamente porque está a la espera de un movimiento rápido.

Al sujetar esta víbora, puedes notar que su textura parece como cuero. El color parece cuero bronceado, de ahí el nombre "mocasín", como el zapato que usaban los indígenas norteamericanos hace mucos años. ¡Ah! Supongo que sabes el otro nombre que tiene esta víbora. Boca de algodón.

Si notas la coloración, lo que tiene en particular esta especie, la víbora mocasín de Florida, es que se le notan más las franjas. ¿Lo ves? Son mucho más vistosas. Especialmente si la miras en el abdomen. Puedes ver como van las franjas desde las escamas dorsales hasta las escamas ventrales ¿verdad?

Cuando tocas esta víbora se siente como cuero bronceado.

¿Puedes ver las franjas de coloración de la víbora mocasín acuática?

Se la conoce como "boca de algodón" por esto. ¿Ves que blanca es la boca? ¿Esa piel blanca?

Cuando está asustada, se enrolla, entra la cabeza, echa para atrás la boca y todos los que se le acercan dicen "¡Basta! Mejor me detengo". Su primer mecanismo de defensa es en realidad su camuflaje. Es una experta en mimetismo.

Esta víbora probablemente esté aquí en tierra porque aunque no esté a la orilla de una masa de agua, es un lugar bastante húmedo. Tal vez el mejor motivo de estar aquí sea la presa. Este animal tiene de todo para comer en esta área, desde ratones hasta lagartijas y ranas.

La voy a dejar tranquila para que podamos seguir.

¿Ves que blanca es la boca?
Por eso la llaman "boca de algodón".

A unas 120 millas (193 kilómetros) hacia el sur del bosque de Jacksonville hay una sección de hábitat prístino de Florida, a sólo unos minutos de Orlando. Es el lago Tohopekaliga.

Cada vez que camino por aquí, sale un olor orgánico intenso de algún lado. No, no es lo que piensas.

¡Este lago es lindísimo, pero tiene ese olor tan particular!

Viene de este lago, extremadamente orgánico, mucho pasto natural, no viene de mí, seguro que viene del lago. Mientras camino, las burbujas suben, burbujas de metano y otras cosas. Ahora, aquí se está llevando a cabo un estudio muy importante. Un estudio conjunto. Tenemos investigadores de la Universidad de Florida que trabajan aquí y observan todo tipo de cosas. Una de las cosas que están estudiando es un animal muy interesante.

Seguramente que estás pensando en una anguila. Estás pensando en anguilas, ¿verdad? Pues estás equivocado. Aunque son acuáticas, no son anguilas, no son peces. Son anfibios. Son los animales con forma de salamandra más grandes que verás en esta parte del mundo. Son sirenas, una salamandra extraordinaria. Son animales fantásticos. Les encanta comer cangrejos. También las dejaré en libertad. Tienen aspecto de pez pero las apariencias engañan. Mira estos anfibios. Mira el tamaño que tienen.

No, no es una anguila. Es un anfibio. En realidad es una salamandra.

Esto te dejará impresionado. Prepárate para un apogeo natural. Hemos venido exclusivamente a ver esto. Un caracol. ¡Oye! No dejes de leer el libro. Hay una razón especial por la cual vinimos a ver este caracol. Este caracol es exclusivo de esta región. Se llama caracol manzana. Aunque es sólo un gasterópodo, sólo un molusco, hay cosas asombrosas que te voy a mostrar de este caracol.

Primero, este caracol manzana tiene una característica única. ¿La ves? Tiene su propias antenas. Tiene esta antena porque es parte de un estudio científico muy importante.

¿Acaso éste no es el caracol manzana más asombroso que hayas visto?

Ahora seguro que piensas quién

financiaría un estudio como éste. ¿No tienen otra cosa que hacer que dedicarse a estudiar los caracoles manzana? Hay mucho que aprender sobre los caracoles manzana. Desempeñan un papel muy importante en este complejo ecosistema, y quizás el papel más fundamental es que sirven de presa para una ave de rapiña muy importante, el caracolero común. Los caracoleros se alimentan casi exclusivamente de estos animalitos. Entonces al entender mejor la población de estos caracoles, se puede entender mejor la población de aquellos animales que dependen de ellos como recurso. Todos los animales, grandes o pequeños, tienen un lugar en el ecosistema en el cual viven.

Este es un caracolero. Le gusta comer caracoles manzana.

¿Cómo podemos detener esta cosa?

Todavía seguimos al sur. Más adelante se encuentran los legendarios Everglades. Es increíble pensar que en Pantano Big Cypress estamos a sólo una hora de Miami. Los Everglades cubren un área muy grande, casi 4.000 millas cuadradas (10.360 kilómetros cuadrados), la mitad del tamaño de mi estado natal de Massachussets. Puede parecer un lugar intimidante. Incluso el famoso naturalista norteamericano John Muir se sintió un poco incómodo al explorar esta región. ¿A qué le tenía miedo? A un solo animal, el lagarto.

En la reserva de los indios seminoles en Big Cypress, espero tener un encuentro amistoso con estos lagartos y espero que ellos piensen lo mismo.

Aquí está el nido. ¡Míralo, aquí está! La hembra se ha ido debido a las grandes inundaciones que hemos tenido en esta región. Ves, esto es un pantano. Siempre tiene mucha agua, pero últimamente ha

tendido un montón de agua y el agua ha subido un par de pies. Cuando estos nidos quedan cubiertos más de doce horas bajo agua, ellos se mueren. A ver si los encontramos… ¡Mira! ¡Mira! Un hermoso huevo de lagarto. Quiero verlo al trasluz.

Por aquí debe haber un nido de lagartos.

Puedo ver el embrión enrollado adentro. Lo voy a marcar para saber cuál es la parte de arriba, porque cuando lo coloque en el recipiente, si lo pongo boca abajo se van a dar vuelta las cosas, la burbuja de aire se va a desplazar y podría matar al embrión. Tengo que tener mucho cuidado cuando traspaso estos huevos desde el nido al recipiente. Está recubierto de musgo muy suave. Bien, huevo número uno. Los coloco acá de esta manera. Hay muchos, pero muchos huevos.

Puedo ver al embrión enrollado adentro.

Necesito saber cuál es la parte de arriba.

¿Por qué estamos haciendo esto? ¿Por qué estamos excavando este nido? Tenemos que recordar algo, ¿dónde estaban los lagartos hace veinte o treinta años atrás? Estaban al borde de la extinción. Tenemos que hacer todo lo posible para conservar esta especie. El nido corre peligro y estamos rescatando los huevos. ¡Vamos!

Dejaré estos huevos en una instalación de incubación que operan los seminoles. Después buscaremos otro nido de lagartos y tal vez logremos ver uno que haya salido del huevo.

Allí hay un nido de lagartos activo. Está lleno de crías, probablemente tengan sólo unos días. Allá a lo lejos está la mamá. Las crías están sentadas sobre el hocico de la madre. Si quieres una muestra de lo buenas que son las madres lagartos cuando se trata de criar y proteger a sus crías de los depredadores, mira la cabeza de ese animal. Tiene una corona, pero no de joyas ni de metal, sino de pequeños lagartos colgados.

¿Puedes ver las crías del lagarto allí?

Me está mirando. No me saca los ojos de encima. Lo que quiero hacer es ir a revisar su nido para ver si hay algo adentro. Tal vez haya huevos que se estén incubando. Mira, parece una pila de abono orgánico. ¡Ah! Míralo. Ahí hay un huevo. ¿Lo ves? Eso es un huevo.

¡La mamá me está mirando y tiene una de sus crías en la cabeza!

La cría ya salió de este huevo de lagarto. Rompió el cascarón con una carúncula. Una carúncula es un diente para el huevo. Tú no naces con una pero las crías de los lagartos sí. Entonces la carúncula puede romper el cascarón del huevo cuya textura se asemeja al cuero.

En alguna parte de este pantano hay un lagarto enorme de setenta años. ¡Vamos a buscarlo!

Los huevos de lagartos tienen una textura parecida al cuero.

¡Ay!

¡MIRA ESTO!

¿Sabías que el sexo de un lagarto está determinado por la temperatura a la que se incuba el huevo? Es cierto. Los huevos incubados aproximadamente a 85 grados Fahrenheit (29,4 grados Celsius) producen hembras. Los huevos incubados a 90 grados o apenas unos grados más (cerca de 33 grados Celsius) producen machos.

Los científicos e investigadores han dedicado mucho tiempo para aprender sobre la reproducción de los lagartos porque hace treinta años los lagartos estaban en peligro de extinción. Mucha gente pensaba que este reptil nunca se recuperaría. Por suerte, gracias a un esfuerzo conjunto de los Servicios de Pesca y Vida Silvestre de EEUU y las agencias de vida silvestre estatales en el sur han salvado a estos animales únicos. La Ley de Especies en Peligro de Extinción prohibió la caza de los lagartos, permitiendo que la especie se recuperara en números en muchas áreas donde casi se habían extinguido. A medida que los lagartos se recuperaban, los estados establecieron programas de monitoreo de la población de lagartos y usaban esta información para asegurarse que los números de lagartos siguiera aumentando. En 1987, los Servicios de Pesca y Vida Silvestre declararon que el lagarto americano se había recuperado por completo y por consiguiente sacaron a este animal de la lista de especies en peligro de extinción.

Aquí hay un gran animal. Duerme y ronronea como un bebé. Pero es un gran artista. Le damos un Oscar a Felis concolor, o puma.

¿No son hermosos estos pumas?

Uno de los primeros exploradores en divisar este animal fue el español Álvar Nuñez Cabeza de Vaca, que pensó que en realidad había visto un león africano. Claro que nunca antes había visto un león, pero había escuchado la descripción de ese gran gato, entonces pensó que éste era uno de esos. Ahora bien, este animal no es salvaje. Se usa para programas educativos aquí en el Billy's Swamp Safari. Lo mismo lo tengo que respetar, porque si hoy está de mal humor, aunque le guste estar con

gente, voy a tener problemas.

Si este gato parece un poco comatoso, es porque es nocturno por naturaleza. Éste es muy dormilón. Tal vez estés pensando por qué vemos a este puma aquí en Florida. Es porque hay una raza de pumas, llamada pantera de Florida, que sólo habita en esta parte del mundo. Son muy raros. Hay sólo 60 que viven en su hábitat natural, y si queremos saber por qué la pantera de Florida es tan especial, tenemos que estudiar a su primo que vive en el norte.

Las panteras de Florida son muy raros.

Les gusta esconderse cubriéndose con el pasto alto.

Veamos, ¿por qué hay diferencias entre la raza del norte y la raza del sur que son exclusivas de Florida? Posiblemente tenga algo que ver con la vegetación. Es un hábitat muy denso por donde tienen que pasar, entre palmeras filosas y pastos. No hay muchos árboles altos, especialmente en el sur de Florida. Entonces un animal corpulento tiene más obstáculos para desplazarse por su hábitat. En la actualidad, las diferencias físicas entre la pantera y el puma son más difíciles de notar. Esto se deba a que

Mira los ojos increíbles que tiene esa pantera.

la verdadera pantera de Florida fue cazada hasta casi la extinción.

Cuando trajeron al puma más común para aumentar la población, la verdadera pantera de Florida fue más difícil de encontrar. Hoy, casi todos los gatos grandes en Florida no son panteras puras, pero tienen muchas características en común.

Mira el tamaño de estas garras. Cuando estos animales se desplazan hacen muy poco ruido y eso es muy importante para saltar o atacar.

Estas enormes garras ayudan a que la pantera se desplace sin hacer ruido.

¿Quieres venir a dar una vuelta en mi coche pantanero?

Si tienes un coche pantanero como éste, puedes andar millas y millas sin salirte de los límites del Pantano Big Cypress. Todo está inundado, entonces si quieres encontrar más serpientes, tenemos que ir a un hábitat más seco. Ahora nos estamos alejando de la tierra de los seminoles y nos acercamos a un área llamada Santuario de Vida Silvestre Bush.

Bueno, veamos. Hay una hermosísima serpiente escondida debajo de esta capa de piñas. Su hermosa cara asoma y la lengua acaricia el aire. Esa forma triangular y esos bultos nos indican que se trata de una víbora. Mira la cola. Un cascabel. Tenemos una víbora cascabel. Primero, voy a sujetar bien el extremo posterior de la cola para que pueda moverla sin peligro. Estoy lo suficientemente lejos de la víbora que ya no me puede atacar, y ahora la puedo levantar así para que puedas apreciar la belleza de esta víbora.

¿Ves la cabeza triangular? Quiere decir que es una víbora venenosa.

Mira el tamaño que tiene. Mira que fornida que es. Tiene dos colmillos al frente, grandes glándulas de veneno, glándulas de Duvernoy y su mordedura contiene una cantidad abundante de veneno. Lo interesante del veneno de este animal es que no está diseñado a ser letal, sino que está diseñado a licuar, a disolver la carne para fomentar el proceso digestivo de la presa que este animal se va a comer, como sea un roedor. Coloquémosla nuevamente en esta pequeña área, donde la descubrimos y veamos qué más podemos encontrar en el Santuario de Vida Silvestre Bush.

¡Mira lo que encontré!

Esta es una maravillosa serpiente. Mira. Una serpiente famosa por su belleza, y famosa por su toxicidad, su veneno. Hay que tener mucho cuidado con esta serpiente. Es una coral. Es muy venenosa.

Mira los colores de esta hermosa (y muy venenosa) serpiente.

Tengo la víbora coral en la mano izquierda. Es la víbora más venenosa del Nuevo Mundo. La víbora coral tiene un colorido aposemático, colores vivos que sirven de advertencia y nos dicen algo "mantente alejado, porque no te quiero morder, pero si te muerdo, estarás en graves problemas".

Elige cualquier serpiente...

Con la serpiente que tengo en la mano derecha soy más caballero porque es la falsa coral. También tiene un colorido aposemático, pero es una imitación. Esta espera que los depredadores se confundan y crean que es la peligrosa víbora coral. ¿Cómo podemos diferenciarlas? Hay que observar el patrón. Si observas esta víbora coral, verás que el rojo y el amarillo se tocan. Si miras la falsa coral el rojo toca al negro. Hay un dicho "Si el rojo toca al negro, amigo de Pedro. Si el rojo toca al amarillo, corres peligro".

El color rojo está al lado del negro...

Florida es muy húmedo.
Hay mucha agua. Es uno de
los estados más húmedos de
Norteamérica. Hay muchos
manantiales calizos naturales
como éste que van serpentean-
do a través de este hábitat.
Algo interesante sobre toda
esta agua es que por cientos
de años, ha formado parte del
folclore de esta tierra. Ha formado parte del folclore de los
indígenas norteamericanos e
incluso del folclore antiguo de
Europa. Por ejemplo, cuando
Ponce de León llegó a Florida,
estaba buscando el agua mági-
ca, agua con propiedades que
podían reducir la edad de uno.
Sabes a lo que me refiero: la
Fuente de la Juventud.

Hocico contra hocico.

Aquí tengo en mis manos un lagarto y un cocodrilo. Mucha gente no sabe qué diferencias hay entre lagartos y cocodrilos, por eso decidí mostrártelas.

Tanto el lagarto como el cocodrilo pertenecen al mismo grupo, llamado crocodilia, pero hay muchas diferencias entre los dos. Los lagartos prefieren más bien un hábitat de agua dulce. No quiere decir que no vayan a aventurarse a entrar en aguas salobres. Pero le gustan las corrientes lentas de agua. Le gustan las lagunas como ésta. El cocodrilo está más adaptado para sobrevivir en un ambiente marino. Se lo encuentra viviendo más cerca de la costa. Se lo encuentra en hábitats estuarios. Eso no quiere decir que no se aventure a salir de su hábitat usual. Hay lugares en Florida donde se pueden encontrar tanto los lagartos como los cocodrilos viviendo juntos. Pero por lo general, los lagartos prefieren un hábitat de agua dulce y los cocodrilos están más adaptados a un ambiente más marino.

Hablando de ambiente marino, mira las colas. Puedes notar que la del cocodrilo tiene placas se llaman escamas córneas más altas que las del lagarto. Las escamas córneas están más levantadas en la cola y la superficie entre esas placas es más plana. En el lagarto en cambio, ves que las escamas córneas están más marcadas y las escamas córneas en el costado no están levantadas, y no tienen la forma de aleta como en el cocodrilo.

La mayor diferencia entre los lagartos y los cocodrilos está en la región de la cabeza. Lo que notarás es que el lagarto tiene un hocico ancho, muy ancho. El cocodrilo en cambio tiene un hocico largo y más angosto.

¿Ves que el hocico de la derecha es mucho más ancho?

Sólo en este hábitat prístino de Florida puedes ver a los lagartos viviendo junto con los cocodrilos. Sorprendente ¿Verdad?

Este es un lagarto muy grande. Se llama Superman, y claro, no puedes venir a Florida sin venirlo a ver. Éste que ves aquí es uno de los más grandes que hay en el estado de Florida. Mide casi 14 pies (4,3 metros) de largo, es inmenso. En su hábitat natural es muy raro llegar a ver a uno de este tamaño. Este animal tiene aproximadamente entre 60 y 70 años de edad. Debe pesar entre 800 y 1.000 libras (363 y 454 kilogramos). Es un animal con un diseño perfecto. Esencialmente estás viendo a una gran máquina de comer cubierta de escamas. Al llegar a su edad media tiene alrededor de 80 dientes en la boca. Pero a este animal le siguen creciendo dientes durante toda su vida. Le crecerán unos 3.000 dientes.

¡Saluda a Superman!

Voy a entrar, pero tengo que tener mucha precaución e ir muy despacio. Si está de mal humor, puedo perder una pierna, por lo tanto tengo que tener mucho cuidado.

Está silbando. Esa es la señal de que se está poniendo nervioso. Ese es el sonido de un lagarto que dice "Te estás acercando demasiado". Seguro que piensas que el primer mecanismo de defensa de este animal son sus dientes, que es cierto, puede morder muy fuerte. Pero otro mecanismo es la cola. Tiene una

La cola es una de sus principales armas.

inmensa cola muscular y cuando se siente amenazado, dobla la cola hacia atrás y da un latigazo hacia adelante. Una cola así tiene la fuerza suficiente para quebrarte las piernas si te llega a golpear. Mira la circunferencia de la cola. Es una cola muy gruesa. Este animal almacena mucha energía. Además de estar protegido por el arsenal de dientes que tiene en la boca y una cola potente, que podría partirle las piernas a cualquier

posible depredador, también está protegido por su piel, la dermis. Tiene una piel muy gruesa, y adentro de cada una de estas divisiones hay placas que parecen escamas. Estructuras que parecen óseas.

Bueno, espero que hayas disfrutado nuestro viaje a través de Florida, y todos los maravillosos animales desde el manatí hasta los lagartos, serpientes y cocodrilos. Es un lugar hermoso, una parte muy importante de la historia natural de Norteamérica. ¡Espero volverte a ver en nuestra próxima gran aventura!

Glosario

Abono orgánico mezcla que se obtiene de la descomposición de materia orgánica y se usa para fertilizar la tierra

Anfibio animal que vive en el agua cuando es bebé y en la tierra cuando es adulto

Apogeo lo más grandioso

Conservación protección

Depredador animal que mata y se alimenta de otros animales

Dermis piel

Dorsal en la espalda de un animal

Ecosistema una comunidad de organismos y su medioambiente que funciona como una unidad

Embrión animal en las primeras etapas de su desarrollo

En peligro de extinción corre peligro de desaparecer

Escama córnea escama o placa grande en el cuerpo

Especie variedad, tipo

Estuario área donde el océano se junta con el curso inferior de un río

Folclore costumbres, cuentos o dichos tradicionales

Hábitat el lugar o ambiente en donde normalmente crece una planta o animal

Hocico mandíbulas y nariz que sobresalen de un animal

Letal mortal

Naturalista un biólogo que trabaja en el campo

Nocturno activo de noche

Prensil adaptado para agarrar, de manera envolvente

Presa animal que es agarrado por un depredador como alimento

Prístino puro y que no está alterado por la civilización

Regenerar volver a hacer crecer una parte del cuerpo

Reserva tierra que el gobierno de EEUU ha reservado para los indígenas norteamericanos

Venenoso ponzoñoso, que contiene veneno

Ventral ubicado en el abdomen y la superficie inferior del cuerpo del animal

Índice